Dr J. CRUZEL

Médecin consultant à Barèges

Médaille des Eaux minérales de l'Académie de Médecine
(argent 1911)

Membre correspondant de la Société d'hydrologie médicale
de Paris

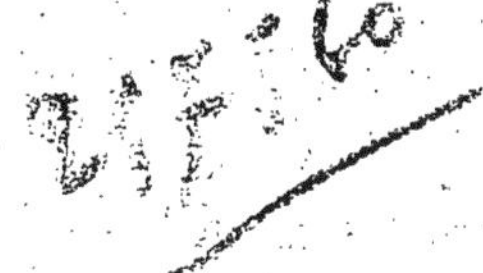

LES ADJUVANTS

DE LA

Cure thermale de Barèges

PARIS

ÉDITIONS DE LA "GAZETTE DES EAUX"
3, Rue Humboldt, 3

1913

Dr J. CRUZEL

Médecin consultant à Barèges

Médaille des Eaux minérales de l'Académie de Médecine
(argent 1911)

Membre correspondant de la Société d'hydrologie médicale
de Paris

✳

LES ADJUVANTS

DE LA

Cure thermale de Barèges

PARIS

ÉDITIONS DE LA " GAZETTE DES EAUX "

3, Rue Humboldt, 3

1913

Les Adjuvants
de la Cure thermale de Barèges

Par le Dr J. CRUZEL

Médecin consultant à Barèges

Médaille des Eaux minérales de l'Académie de Médecine
(argent 1911)

Membre correspondant de la Société d'hydrologie médicale
de Paris

Si l'on se rapporte à l'article très intéressant et très
documenté du Docteur Henry Lamarque sur Barèges
(Crénothérapie, Bibliothèque Gilbert et Carnot), le lecteur juge immédiatement quelle doit être l'importance
de cette station unique peut-être dans le monde, en
tout cas dont les eaux sont, à n'en pas douter, les
plus puissantes de toutes les Pyrénées : « Eaux méso-
thermales et hyperthermales polysulfurées, les plus
énergiques de toute la chaîne, dit M. H. Lamarque ;
action puissante sur les lésions cutanées, articulaires
ou osseuses des lymphatiques, des scrofuleux et des
rhumatisants et les suites des lésions traumatiques ».
Aux indications accessoires, le Dr Lamarque cite l'action des eaux de Barèges (action commune à toutes les
eaux sulfureuses) sur les maladies des voies respiratoires, les maladies des femmes. « On préférera cette
station à toute autre lorsqu'on voudra obtenir une
action énergique, par exemple dans la paralysie satur-
nine, dans les formes graves de la syphilis avec état
cachectique ». (Même auteur).

Cette affirmation de M. Henry Lamarque n'est nullement exagérée ; nous avons eu l'occasion de voir, à
l'hôpital militaire de Barèges, des syphilitiques arrivés

à une période telle d'épuisement et de consomption que l'on pouvait justement craindre une issue fatale pendant le cours du traitement ; mais celui-ci ayant été conduit avec toute la prudence et le doigté qu'il convenait, nous avons assisté à de véritables résurrections.

Il n'entre pas dans le cadre de cet article de nous étendre trop longuement sur toutes les indications de la cure de Barèges ; nous signalons simplement ici, en dehors de l'action puissante du traitement sur toutes les lésions traumatiques et rhumatismales, les effets quasi-miraculeux de la cure sur certaines affections de la peau (lichen, psoriasis, eczémas) et surtout sur les ostéites, caries et nécroses osseuses, lorsqu'elles résultent de lésions ostéomyélitiques simples, voire tuberculeuses. Dans notre service de l'hôpital militaire, nous avons obtenu près de 90 o/o de guérisons ou d'améliorations des lésions ostéomyélitiques, et les statistiques, depuis plus de cinquante ans, conservées à l'hôpital militaire, ne donnent pas un moindre résultat. Je ne puis m'empêcher de citer le cas suivant, susceptible de mettre en lumière les effets si puissants du traitement de Barèges entre mille autres :

Il s'agissait d'un cavalier du 15ᵉ dragons ayant eu, vers l'âge de 14 ans, plusieurs poussées d'ostéomyélite, dite « des adolescents », complètement guérie à l'arrivée au corps et qu'un coup de pied de cheval avait réveillée dans des proportions telles que l'amputation de la cuisse parut un instant imminente, malgré toutes les interventions chirurgicales antérieures : curettages, extractions de sequestres, etc..... Sur nos conseils, le médecin traitant allait envoyer ce malade légèrement amélioré à Barèges, lorsque dans un effort insignifiant il se fractura la cuisse et ne put profiter que des deux tiers environ de la dernière saison de Barèges, où il arriva étendu sur un brancard et la jambe et la cuisse dans une gouttière. Après quelques bains, le malade rejeta spontanément 4 ou 5 grosses esquilles, d'une grosseur pouvant aller parfois jusqu'à celle d'un œuf de pigeon, et son foyer ostéomyélitique s'en trouva curetté par la seule influence du bain de Barèges d'une façon bien autrement complète que par la plus complète des interventions chirurgicales et sans les délabrements qui résultent forcément de celles-ci, à tel point que le malade partit très amélioré et qu'il revint l'année suivante à Barèges sur ses deux jambes, complètement guéri et marchant comme il n'avait pas marché depuis plus de trois ans. Il n'aurait eu nullement besoin de revenir à Barèges, si ce n'eût été par un sentiment de reconnaissance pour de telles eaux qui avaient fait cesser, en quelques jours, une affection toujours récidivante et décourageante au premier chef. Il nous serait facile de citer des exemples non moins saisissants de cette action des eaux, mystérieuse et puissante.

Devant l'importance des eaux de Barèges et devant leur puissante action, le lecteur se demandera quelle peut être l'utilité d'adjuvants thérapeutiques pour des eaux douées d'une semblable puissance. D'autre part, je ne crois pas qu'il existe en France, et peut-être en Europe, beaucoup de personnes qui n'aient ouï parler de Barèges, dont la réputation est considérable. Aussi s'imagine-t-on volontiers une station en pleine prospérité, séjour de délices des malades comme des gens bien portants et attirant les étrangers de tous pays et tout au moins une partie des foules de Lourdes, curieuses d'aller voir ces autres miracles de la vallée du Bastan.

L'illusion est vite dissipée pour le voyageur que l'autobus a conduit, de Luz à Barèges, à travers les désolations et les horreurs destructives de la vallée du Bastan. L'hôpital militaire, qui avance hardiment sa masse imposante au-dessus du lit du torrent, bravant la terrible avalanche qui ne manque pas de le détruire à moitié régulièrement tous les dix ans, est bien le seul monument important de la station. Une seule rue y mène, ainsi qu'à l'Etablissement civil, situé juste en face, et dans cette rue unique se trouvent de coquettes et confortables maisons et quelques hôtels d'un bon renom, témoins de l'ancienne splendeur de Barèges, tandis qu'à droite et à gauche de la rue des ruines lamentables, des maisons écroulées, le casino détruit, témoignent de la terrible inclémence des éléments. Tout cela fait de Barèges un séjour si peu enchanteur, malgré la sauvage et impressionnante beauté des paysages, que les quarante jours que chaque malade devrait consacrer à sa cure se sont peu à peu abaissés à trente, vingt-cinq, puis vingt, tandis que certains ont supplié leur médecin de leur trouver une station plus gaie, au grand détriment de leur santé. D'autre part, les sources de l'Etablissement, qui donnaient autrefois 3oo mètres cubes d'eau par jour, se sont graduellement appauvries pour ne donner aujourd'hui que 170 mètres cubes, chiffre donné par M. Henry Lamarque (ouvr. cité), parfaitement bien renseigné. Hâtons-nous d'ajouter qu'il serait extrêmement facile de trouver le remède de cette déplorable situation par quelques captages appropriés, qui seront entrepris vraisemblablement d'ici peu de temps.

Mais d'ores et déjà apparaissent les deux causes qui rendent nécessaires à Barèges l'emploi d'adjuvants thérapeutiques énergiques et qui sont : 1° l'insuffisance de temps que le malade consacre à sa cure ; 2° l'insuffisante quantité d'eau pas toujours en rapport avec les besoins de la station. Enfin, une 3ᵉ cause : la nécessité d'agir avec énergie sur un certain groupe d'affections par des pratiques qui renforcent considérablement l'action du traitement.

Nous citerons, dans ce groupe d'affections, les suites des lésions traumatiques et rhumatismales, hydarthroses, arthrites, atrophies musculaires, ankyloses, rhumatismes déformants, névralgies et névrites sciatiques et autres, etc... Nous verrons que ces adjuvants thérapeutiques, loin de prétendre à être substitués au traitement classique, n'ont été institués à l'hôpital militaire de Barèges que dans le but d'en renforcer les effets et, loin de diminuer la confiance des malades dans les eaux, ne peuvent, au contraire, que l'augmenter.

La douche-massage et l'électroionothérapie à l'eau thermale

La douche-massage, telle qu'elle se pratique à Aix-les-Bains, a été introduite à l'hôpital militaire de Barèges, depuis quelques années, par M. le médecin principal de 1ʳᵉ classe Sanglé-Ferrière, dont la compétence en matière d'hydrologie a été pour nous le guide le plus sûr et dont les leçons nous ont été si précieuses pour notre instruction dans cette branche délicate de la thérapeutique.

Nous n'insisterons pas sur les effets de la douche-massage sur les arthrites et atrophies musculaires consécutives aux fractures, etc..., effets bien connus aujourd'hui. Nous dirons seulement quelques mots de l'ionisation à l'eau sulfureuse, qui n'a été faite qu'à Barèges dans ces dernières années (tout au moins à notre connaissance) et dont les effets puissants nous ont été précieux dans bien des cas.

Quoique nous n'ayons rien trouvé à ce sujet dans les diverses bibliothèques, nous savons, par l'article de M. le Dr Heitz (crénothérapie) qu'il faut toujours citer, que l'ionisation se pratique depuis déjà quelques années à Royat et dans certaines stations allemandes. Elle nous paraît, *à priori*, une excellente méthode, à condition bien entendu de ne pas tomber dans les exagérations allemandes signalées par le Dr Heitz, que nous ne pouvons admettre plus que lui ; mais l'ionisation seule, c'est-à-dire l'introduction à travers la peau intacte des sels contenus dans l'eau minérale au moyen du courant galvanique, nous paraît *à priori* une méthode tellement simple, rationnelle et élégante qu'il fallait que, tôt ou tard, elle soit appliquée aux eaux minérales sulfureuses.

Elle le fut, en 1910, à l'instigation de M. le médecin principal Sanglé-Ferrière, par le médecin-major Rebierre, qui a traité, par l'électrolyse à l'eau de Barèges, 13 malades de l'hôpital militaire porteurs d'arthrites traumatiques ou rhumatismales. Les applications électro-ioniques étaient effectuées au moyen d'un courant continu de 15 à 25 milliampères et la durée des applications était de 30 à 60 minutes. Elles étaient répétées tous les 2 jours, pendant un mois environ.

Ces observations ont été publiées en 1911 dans les *Archives de Médecine et de Pharmacie militaires*. Nous y renvoyons nos lecteurs et nous nous bornons à dire que plusieurs sont démonstratives et donnèrent des résultats fort encourageants.

« Nous avons la certitude, écrit Rebierre, d'avoir obtenu, vis-à-vis d'une catégorie spéciale d'affections, des atténuations de symptômes très sensiblement supérieures à celles que l'on peut obtenir avec les procédés habituels de traitement. Elles sont supérieures en ce qu'elles sont plus marquées, plus évidentes et surtout plus rapides ».

Ces essais d'électro-ionisation à l'eau thermale ont été continués, en 1911 et en 1912, par M. le médecin-major Barailhé, avec notre collaboration. Parmi la très grande variété des malades traités à l'hôpital militaire, nous avons choisi surtout ceux qui étaient atteints d'amyotrophies, de névrites ou névralgies, d'affections articulaires, etc...

Nous exposerons brièvement la méthode que nous avons suivie, les résultats thérapeutiques, sans entrer dans le détail. Nous donnerons une brève explication du mécanisme d'action de l'eau de Barèges seule ou associée au courant galvanique, nous bornant à renvoyer le lecteur, pour plus de détail, au mémoire que nous avons publié à ce sujet (1).

Rappelons brièvement la théorie des ions. L'ionisation est un phénomène physique. Dans toute solution, qu'elle soit acide, alcaline ou basique, une certaine quantité de molécules du corps en dissolution se dissocie en éléments plus simples, atomes ou groupements d'atomes, appelés *ions* par Arrhénius. La notion de l'*ion* repose sur des faits expérimentaux certains tirés de la conductibilité électrique des solutions et de la cryoscopie. Les ions peuvent être simples ou complexes (2).

Exemples : 1° Soit du Na cl dissout. La molécule Na cl va se dissocier par l'effet de la dissolution même, en deux ions simples, Na et cl ;

2° Soit une molécule de So⁴Cu ; elle va se dissocier également en deux ions, dont l'un complexe et l'autre simple, So⁴ et Cu.

Le groupement d'atômes So⁴ jouit des mêmes propriétés que les ions simples. On admet, toutefois, que

---

(1) Electro-ionothérapie à l'eau thermale, par J. BARAILHÉ, médecin-major de 2ᵉ classe. et J. CRUZEL, médecin aide-major de 1ʳᵉ classe. — Chapelot à Nancy, éditeur. — Extrait des *Archives de Médecine et de Pharmacie militaires*, Avril-Mai 1913 Mémoire honoré d'une médaille d'argent par l'Académie de Médecine en 1911.

(2) Voir DELHERM et LAQUERRIÈRE. — L'ionothérapie électrique, 1908.

la molécule So^4Na^2 peut se diviser en trois ions, soit un ion So^4 et deux ions Na.

Les ions possèdent une charge électrique : l'un une charge +, l'autre une charge —. Dans la solution, ces charges s'équilibrent et les ions, qui ont perdu leurs affinités chimiques, restent neutres ; mais si l'on fait passer un courant électrique à travers la solution, c'est-à-dire si l'on plonge deux électrodes dans le vase qui contient cette solution, les ions se mettent tout-à-coup en mouvement ; les ions — sont attirés par le pôle + en remontant le sens du courant. Ils sont dits *anions* (ανα, en haut) ; les ions positifs se dirigent en sens inverse vers le pôle —, qui les attire dans le sens du courant (κατα, en bas) ; ils sont nommés *cations*. Les métalloïdes et les radicaux acides sont toujours anions, tandis que les métaux et les alcaloïdes sont des cations.

Exemple. — 1° Solution saline Kcl :

$$Kcl \begin{cases} cl & = \text{anion.} \\ K & = \text{cation.} \end{cases}$$

$$\cdot So^4\,Cu \begin{cases} So^4 \ (\text{radical acide}) = \text{anion.} \\ Cu = \text{cation.} \end{cases}$$

2° Solution acide Hcl
$$\begin{cases} Cl & = \text{anion.} \\ H & = \text{cation.} \end{cases}$$

3° Solution basique KoH
$$\begin{cases} oH = (\text{ion hydroxile}) \ \text{anion.} \\ K = \text{cation.} \end{cases}$$

D'après ce que nous avons dit tout à l'heure, au moment du passage du courant continu, les anions *cl* d'une solution Kcl, par exemple, se rassembleront tous au bout d'un certain temps, à l'anode et à la catode, les cations K. Mais alors il se produit les phénomènes bien connus suivants : les ions, au contact des électrodes, sont neutralisés, c'est-à-dire perdent leurs charges électriques et recouvrent leurs affinités chimiques, et nous aurons les réactions suivantes :

1° Au pôle positif : $2\,cl + H^2O = 2Hcl + O$. Il faut envisager ici une réation secondaire si l'anode est constituée par un métal attaquable par les acides. Ainsi Hcl se combinera avec le métal de l'électrode pour donner naissance à un oxychlorure. Nous verrons l'importance de cette constatation pour le cas particulier qui nous occupe, c'est-à-dire pour l'électrolyse de l'eau de Barèges.

2^b Au pôle négatif : $K + H^2O = KoH + H$. KoH, for-
mée à la catode, ne donne pas de réactions secondaires
avec les électrodes — qui ne sont jamais attaquées par
les produits basiques de l'électrolyse.

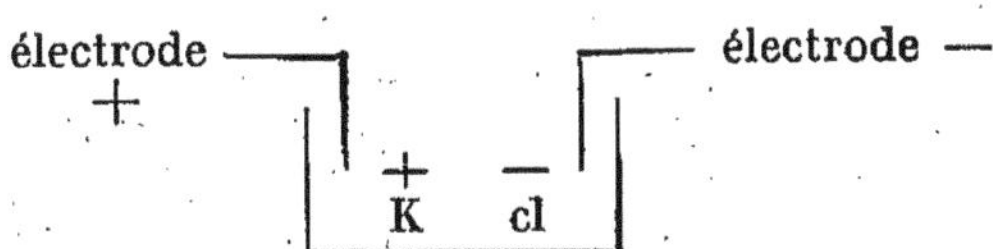

Supposons un cas un peu plus complexe : soit deux
solutions dans deux récipients contigus A et B, séparés
par une membrane poreuse. Dans le récipient A se
trouve une solution de Na cl. Dans le récipient B, une
solution de KI. Le récipient A est relié au pôle +, B
au pôle — ; d'après la théorie, au bout d'un certain
temps, tous les anions cl et I se trouveront en A, autour
du pôle plus +, et tous les cations Na et K, en B, au
contact du pôle négatif.

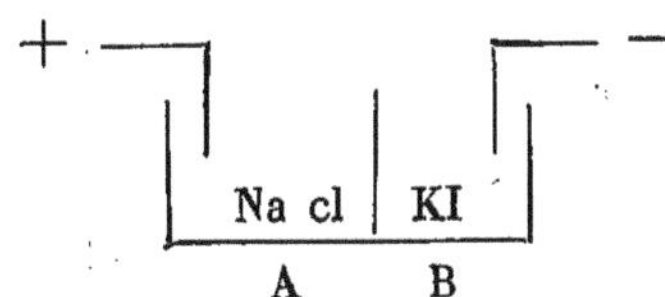

Troisième cas. — Prenons trois solutions (KI, Na cl,
Br S^t), chacune dans un vase séparé des autres par
une membrane poreuse, de telle sorte que le récipient
A contienne la solution KI, le récipient B contigu
contient Na cl, le récipient C, contigu à ce dernier,
contient Br S^t. Le récipient A est relié au pôle +, C
au pôle —. Si nous faisons passer un courant continu
pendant un temps convenable, nous aurons dans le
vase B (eau salée) l'anion Br se dirigeant vers le pôle
+ et le cation K allant vers le pôle — ; mais, d'autre
part, la solution Na cl aura des anions *cl* dans le vase A
et des cations *Na* dans le vase C, et nous aurons Hcl
au pôle + et Na OH au pôle —.

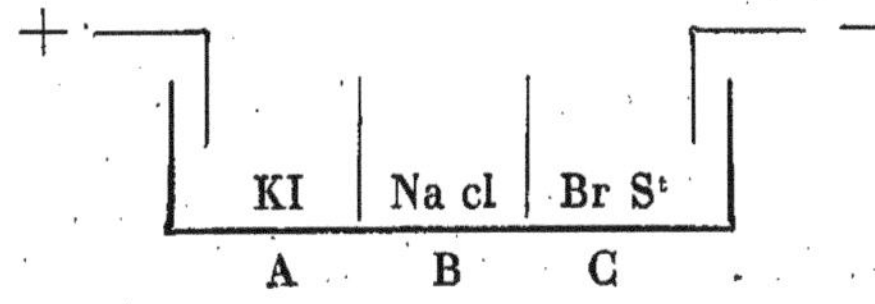

Tel est en gros le phénomène de l'introduction des ions dans l'organisme. Les vases A et C représentent des solutions placées à l'anode et à la catode, tandis que B figure l'organisme séparé de ces solutions par l'épiderme, le corps humain pouvant être considéré grossièrement comme un vase contenant une solution de Na cl.

Si nous mettons au contact de la peau deux solutions électrolytiques, dont l'une est reliée au pôle + et l'autre au pôle — d'une pile. lorsque nous faisons passer un courant continu, nous aurons un échange d'ions qui s'établira de la manière suivante : à la catode, le corps abandonne des cations et reçoit les anions de l'électrode, tandis qu'à l'anode, le corps abandonne des anions et reçoit des cations de l'électrode (Leduc).

Si nous voulons introduire des anions dans l'organisme (cl, I, S), nous placerons la solution électrolytique en contact avec la peau du patient; et cette solution sera reliée au pôle — d'une pile. Dans ce cas, l'électrode + sera indifférente et représentée par une solution électrolytique quelconque (Na cl, par exemple) et cette électrode + sera appliquée en un point quelconque du corps, assez éloignée de l'électrode négative pour éviter l'action interpolaire. Les anions de la catode seront attirés par le pôle + et, cherchant à l'atteindre, pénètreront dans les tissus.

Si nous voulions recourir à l'introduction des cations (métaux, alcaloïdes), le dispositif inverse serait employé.

L'électrode + serait active et l'électrode — indifférente.

Enfin, si nous voulions introduire à la fois les anions et les cations, les deux électrodes seraient actives. Nous avons employé ce procédé dans un certain nombre de cas, avec l'électrolyse de l'eau de Barèges. Nous verrons plus loin de quelle importance est, dans le cas qui nous occupe, l'introduction des deux espèces d'ions.

La pénétration des ions dans l'organisme est chose absolument démontrée aujourd'hui, ainsi qu'en témoignent, entre autres, les recherches dans les urines, ainsi que les expériences portant sur l'introduction d'ions colorés (permanganate de potassium) et d'ions toxiques (strychnine).

Nous renvoyons le lecteur, pour plus de détails, à la monographie de MM. Delherm et Laquerrière, déjà citée.

L'idée d'introduire les principes de l'eau de Barèges dans l'organisme est extrêmement séduisante, pour la raison que les eaux minérales constituent un électrolyte supérieur à tout autre. Il est bon, pour plus de précision, de rappeler brièvement la constitution de l'eau de Barèges, en y ajoutant les connaissances que la science moderne nous a fourni récemment sur les eaux minérales.

Constitution de l'Eau de Barèges

Les anciennes analyses de Filhol sont encore, aujourd'hui, une des principales sources où nous pouvons puiser. L'eau de Barèges, limpide, incolore, a une légère odeur d'œufs durs due aux principes sulfureux qu'elle contient. De petites bulles de gaz, azote, s'en dégagent.

Ce fait, qui paraît banal au premier abord, est d'une extrême importance. Nous en verrons plus loin la raison. Des filaments blancs, gris ou bruns de matière organique, nommée *Barégine,* se déposent après refroidissement.

La Barégine et l'alcalinité de l'eau de Barèges la rendent onctueuse au toucher. Les perturbations atmosphériques n'impressionnent guère l'eau de Barèges, qui a une fixité remarquable de température et de minéralisation. La matière organique a été incomplètement étudiée et devrait être séparée en deux éléments distincts, d'après Armieux : 1° une matière organique, azotée et iodée ; 2° des êtres organisés, végétaux et animaux (conferves, rotifères, bactéries, etc.).

Les cendres de la Barégine contiennent du carbonate de calcium, de la silice, de l'oxyde de fer, du chlorure de sodium, du carbonate de magnésie, du sulfate de calcium, du phosphate de calcium, des traces de sulfate de magnésie, par ordre décroissant de quantités.

Armieux attribuait au gaz azote dissous dans l'eau et en excès dans l'air confiné des piscines et des salles de douches, une puissante action thérapeutique. La source Entrée contient 12 cc. 1/2 d'azote par litre ; la source Tambour, 11 cc. 30.

Composition de la Source Entrée (Filhol)
pour 1 litre

Composés

Sulfure de sodium	0,0344
Chlorure de sodium	0,0544
Silicate de sodium	0,0974
Silicate de calcium	0,0091
Silicate de magnésie	0,0022
Sulfate de soude	0,0169
Iodure de potassium	traces
Borate de soude	traces
Phosphates de soude	traces
Oxyde de fer	traces
Matières organiques	0,0510

Composants

Chaux	0,0035
Magnésie	0,0007
Soude caustique	0,1004
Potasse caustique	traces
Lithine	traces
Acide phosphorique	traces
Acide borique	traces
Acide silicique	0,0630
Acide sulfurique	0,0111
Soufre	0,0141
Chlore	0,0330
Iode	traces
Résidus fixes, Source Tambour	0,2957
— — — Entrée	0,2654

Si le lecteur veut bien jeter un coup d'œil rapide sur ce tableau, il se rendra compte combien les principes minéraux qui composent l'eau de Barèges sont en quantité infime.

Cela nous explique le scepticisme, longtemps indéracinable, des médecins, sur l'action thérapeutique des eaux minérales. Ce scepticisme est signalé par le professeur Landouzy (crénothérapie) qui rappelle l'opinion de Guy-Patin, un des anciens doyens de la Faculté, sur les eaux minérales :

« Pour ce qui est des eaux minérales, je dirais que je n'y crois guère et qu'elles n'ont guéri personne, et je n'y ai jamais cru davantage. Fallope les appelle un remède empirique. Elles font bien plus de cocus qu'elles ne guérissent de malades, Elles sont plus célèbres que salubres, etc... »

Nous avons cité, au début de cet article, la remarquable guérison de ce cavalier, atteint d'ostéomyélite.

C'est par milliers que l'hôpital militaire de Barèges, qui conserve depuis sa fondation (vers 1860) toutes les observations de tous les malades et toutes les statistiques pourrait publier des guérisons tout aussi surprenantes dans les affections osseuses, scrofuleuses, syphilitiques, cutanées, etc...

La démonstration n'est plus à faire et l'on est revenu, aujourd'hui, à de plus saines idées sur l'action des eaux minérales. Toutefois, bon nombre de confrères doutent encore. Je n'en citerai pour exemple que l'auteur de ces lignes, autrefois animé du plus grand scepticisme vis-à-vis des eaux minérales et qui s'est trouvé brusquement chef d'un service dans un grand hôpital thermal. Son scepticisme n'a pas résisté à la première saison qui, pourtant, ne dure que 20 jours, et le spectacle des brillants résultats thérapeutiques, tels que les médecins ont rarement la satisfaction d'en enregistrer, ont certainement déterminé sa vocation.

Le fait est indiscutable. L'eau de Barèges agit puissamment.

Elle curette mieux que le meilleur chirurgien le foyer des anciennes ostéites.

Mais comment agit-elle ? Faut-il nous borner à constater cette mystérieuse action et renoncer à en chercher l'explication ? Nous croyons, au contraire, que l'explication des phénomènes d'absorption des eaux minérales a fait, ces dernières années, un pas décisif, et que, si tout ne nous paraît pas explicable dans l'action des eaux minérales, bien des phénomènes ont été éclairés d'un jour nouveau par la science moderne.

« Il est impossible de ne pas reconnaître, dit Armieux, que dans la combinaison complexe et particulière des éléments des eaux minérales, il y a quelque chose qui nous échappe, un secret de la nature qui leur donne une vertu que les eaux artificielles ne sauraient atteindre ni imiter. Un bain de Barèges ne contient que quelques grammes de sulfure de sodium et quelques milligrammes d'autres principes, et l'on obtient des effets que ne produiraient jamais des doses centuples de produits analogues. C'est ce qui fait admettre une *vitalité propre aux eaux* ». Paroles prophétiques. L'eau de Barèges est, en effet, essentiellement vivante ; loin de sa source, elle meurt et ne saurait produire les mêmes effets.

Les eaux de Barèges contiennent des sulfites et des hyposulfites de sodium, o gr. o5io dans la source « Entrée ».

Eaux des Piscines

Monosulfure de sodium	0,0067
Bisulfite de sodium	0,0077
Hyposulfite de sodium .. .:...	0,0170

Eaux des Piscines et des Douches

	Piscine Militaire	Douche N° 1
Azote..............	80,76	81,50
Oxygène	19,24	18,50
H^2S	0,00055	0,00115

Nous voyons que l'air confiné des salles de douche et piscine contient une proportion d'azote notablement plus grande que l'air atmosphérique. L'azote en excès provient de l'eau minérale. Il est aujourd'hui certain que des analyses plus minutieuses feraient trouver mélangées à cet azote des gaz rares radio-actifs. Enfin, plus récemment, on a découvert, dans l'eau de Barèges. de nouveaux éléments tels que le manganèse déjà signalé par Wilm et récemment confirmé des traces d'arsenic (1). On a constaté en outre que les eaux de Barèges étaient le siège d'*émissions radio-actives* considérables dont on n'a malheureusement pas encore pu déterminer le degré avec suffisamment de certitude.

Le prétendu azote des eaux minérales, dont la valeur thérapeutique n'avait pas échappé aux anciens observateurs, est, en réalité, composé en grande partie de gaz rares spontanés, surtout émis aux griffons des sources : argon, néon, hélium, crypton, xénon ; la plus grande partie de ces gaz est dégagée au griffon, tan-

---

(1) Garrigou.

dis qu'une quantité plus faible ou tout au moins des gaz de moindre radio-activité sont dissous dans l'eau minérale elle-même. Une certaine quantité de gaz carbonique se trouve vraisemblablement dans toutes les eaux minérales contenant des silicates de calcium, car ce gaz est nécessaire pour la décomposition des roches cristalliniennes.

Etat physique
des éléments minéraux de l'eau thermale

L'eau minérale chaude paraît surgir des entrailles du globe et ses éléments se trouvent ainsi dans un état juvénile qui ne ressemble nullement à l'état dans lequel l'eau nous apparaît dans nos laboratoires. Sans entrer dans le détail des hypothèses concernant l'origine des eaux minérales, ses éléments paraissent se former au voisinage du noyau central du globe (ou tout au moins à une grande profondeur de la croûte terrestre) et les composés chimiques s'y trouvent soumis à des pressions et à des températures telles qu'il est vraisemblable qn'ils se trouvent dissociés en leurs éléments, tel le chlorure de sodium, qui doit se trouver à l'état de chlore et de sodium dont la combinaison s'effectue par suite de l'ascension de l'eau dans la croûte terrestre où elle trouve des températures et des pressions moins considérables. L'eau minérale remontée à la surface n'a pas encore atteint son équilibre définitif et se trouve encore en voie de changement et de réaction chimique qui, avec les émissions radio-actives, en font une eau essentiellement vivante. Plus tard, son état d'équilibre atteint, elle est morte et aussi sans grande action sur l'organisme. Les métaux qui se trouvent généralement dans les eaux minérales à l'état colloïdal agissent sur l'organisme à la façon des ferments organiques. En outre, les eaux minérales possèdent généralement deux propriétés physiques fondamentales : elles sont *fortement ionisées et radio-actives.*

Dans les solutions diluées, les composés chimiques tels que le chlorure de sodium, ont leurs molécules dissociées en leurs atomes chlore et sodium. Cela est plus qu'une simple vue de l'esprit et a été démontré par Arrhénius, dans l'étude du point de congélation ou point cryoscopique des solutions. S'il s'agit de solutions non électrolytiques (sucre, urée), l'abaissement du point de congélation est rigoureuscment proportionnel au nombre des molécules dissoutes. Or, les substances electrolytiques (sels, bases, acides) ne suivent pas cette loi et l'abaissement du point de congélation n'est pas en rapport exact avec le degré de concentration moléculaire. Plus la dilution augmente, plus le point cryoscopique s'élève, mais pas autant que le comporterait cette dilution. Tout se passe comme si le nombre des molécules dissoutes augmentait. La vérité est que un certain nombre de molécules ont été dissociées en leurs atomes ou ions, et chaque atome dissocié agit vis-à-vis du point cryoscopique comme une molécule complète. Il faut s'attendre dès lors à ce que les solutions étendues aient des propriétés très différentes de celles des solutions concentrées. Les eaux minérales représentent des solutions salines très diluées et, conséquemment, très ionisées.

La charge négative ou positive des ions peut être conçue indépendamment de la matière qui lui sert de support (l'expérience le confirme). Cette charge a été nommée électron (voir, pour plus de détails, Barailhé et Cruzel, archives de Médecine et de Pharmacie militaires, avril 1913, Chapelot, édit., Nancy). Ces charges électriques des ions sont dues vraisemblablement au travail de dissociation qui préside à la dissolution; toute réaction chimique s'accompagnant de désintégration atomique et mettant par suite en liberté une certaine quantité d'électricité. L'eau minérale agit ainsi comme une source d'électricité à bas potentiel, condition éminemment favorable à l'absorption de ses éléments.

Enfin, beaucoup d'eaux minérales sont radio-actives et nous avons vu que c'est le cas de l'eau de Barèges. Elles possèdent une radio-activité propre et contiennent en dissolution un gaz radio-actif nommé *émanation*, analogue à l'émanation du radium. L'origine de la radioactivité des eaux thermales paraît assez obscure ; elle a été attribuée tout d'abord à la dissolution d'un sel radifère quelconque, mais on a bientôt abandonné cette hypothèse que les analyses n'ont pas confirmée ;

on attribue généralement aujourd'hui cette radio-activité des eaux minérales à l'émanation du radium rencontrée dans la terre. M. le Dr Fugairon (d'Ax-les-Thermes) a donné dans la *Gazette des Eaux* (1908) une explication parfaitement rationnelle de l'origine de la rudioactivité des eaux minérales. Il croit celles-ci capables de produire spontanément des phénomènes radioactifs sans aucun secours étranger. Nous avons discuté et adopté cette façon de voir (ouvr. cité). Quoi qu'il en soit, si la radio-activité des eaux minérales ne permet pas d'expliquer complètement leur action, elle n'en paraît pas moins un facteur très important de cette action.

Mécanisme d'action de l'eau thermale

En nous servant des notions si brièvement résumées, nous croyons pouvoir affirmer que malgré leurs faibles quantités et précisément à cause de la dilution des solutions, les eaux minérales agissent sur l'organisme par l'absorption des éléments minéraux qu'elles contiennent (dans le cas du bain, en dehors de toute boisson). Nous allons retrouver, dans les actions thérapeutiques de l'eau de Barèges, les propriétés fondamentales de chaque élément particulier et si cette action nous paraît encore un peu mystérieuse, nous ne saurions l'attribuer qu'à l'insuffisance et à la grossièreté de nos analyses chimiques, qui sont loin de nous avoir révélé, d'une façon complète, la composition des eaux minérales.

Absorption des éléments minéraux

Elle est nécessaire pour expliquer l'action des eaux. La radioactivité ne l'explique pas en entier ; une dissolution d'un sel d'urane ne saurait être l'équivalent d'une eau minérale radioactive. Les éléments de l'eau minérale sont absorbés dans le cas de bains à la faveur de la pression osmotique et il s'établit, grâce à cette pression osmotique et à la tension électrique, un double courant d'*endosmose* et d'*exosmose* à travers la peau, entre l'eau minérale et les liquides de l'organisme, avec échange permanent d'ions. Les éléments de l'eau minérale se trouvant, en effet, sous une *forme ionique,* produisent une action cent fois plus puissante que dans tout autre état, et à doses plus considérables. Le courant d'*endosmose* semble prédominer, mais le courant d'exosmose n'est pas négligeable et c'est là, peut-être, une des actions insoupçonnées des eaux thermales, encore que l'analyse chimique soit trop grossière pour qu'il nous soit permis d'espérer le contrôler expérimentalement.

Armieux rechercha, en 1880, l'augmentation du soufre total dans les urines, par l'effet de la seule balnéation ; il trouva une augmentation constante et relativement considérable du soufre total. Expérience inverse en 1892, par le pharmacien-major Nicolas, trouvant une diminution du soufre dans l'eau qui avait servi au bain. Expériences analogues de divers observateurs (Tabourin, Roussin, Lambron, à Luchon ; Champouillon, à Luxeuil ; Passaboscq, à Bourbonne).

Action physiologique et thérapeutique des eaux

Au début de la cure, il se produit une excitation manifeste du système nerveux qui fait place, après quelques jours, à une stimulation de toutes les fonctions organiques. Il se produit une sédation sur la circulation (Armieux). Déjà deux facteurs nous apparaissent : le soufre et les sulfures dans l'excitation nerveuse, les sulfites et les hyposulfites, qui sont hyposténisants, sur la sédation circulatoire.

Les composés sulfurés et soufrés expliquent la stimulation des plaies atones, la réparation du tissu osseux dans les ostéomyélites anciennes et l'action des eaux de Barèges sur les affections chroniques des voies respiratoires et des maladies de la peau. Le silicate de soude, souvent employé avec succès par les oméopathes, domine dans les eaux de Barèges. Or, les silicates alcalins ont des propriétés anti-fermentescibles, anti-parasitaires et même anti-uricémiques, toutes propriétés que nous retrouvons dans les eaux de Barèges.

Le chlorure de sodium améliore les manifestations de la scrofule, des tuberculoses ganglionnaires et osseuses, et les traces de lithium peuvent expliquer les excellents effets de l'eau de Barèges sur l'arthritisme.

Les traces infinitésimales d'arsenic, de manganèse,

d'iode, de fer, etc... produisent des effets quasi-miraculeux sur la syphilis, les anémies d'origines diverses, plus que ne le feraient des doses centuples de ces médicaments.

Absorption des radiations de l'eau thermale

Sans entrer dans le détail du mécanisme de cette absorption et des effets multiples qu'elle produit sur l'organisme, nous nous bornerons à rapprocher : 1º l'action analgésiante et sédative des eaux, des remarquables propriétés analgésiantes des émissions radioactives ; 2º le fait que les effets de la cure ne se font sentir complètement que plusieurs mois après le séjour dans la station, de cette autre constatation que le corps humain, après avoir absorbé l'énergie radiante, a le pouvoir de l'emmagasiner. C'est ainsi que Donys, ayant placé du radium près de la colonne vertébrale d'une souris, constata sa mort vingt jours après, et Becquerel, ayant porté sur lui quelques heures un sel radifère très actif, constata sur sa peau une brûlure 34 jours après. Ces faits peuvent être rapprochés de l'action des eaux minérales à longue échéance, comme nous le disions plus haut.

Nous connaissons également l'action sédative de la radioactivité sur l'organisme.

D'autre part, les sources les plus riches en azote et en gaz rares radioactifs sont aussi les plus sédatives, témoin la source Barzun à Barèges.

Par tout ce qui précède, on voit quelle est l'importance de tous les éléments minéraux de l'eau de Barèges, en si minime quantité qu'ils puissent s'y trouver. Dans nos séances d'électro-ionothérapie à l'eau de Barèges, nous avons généralement recherché l'action du soufre et des anions, mais les meilleurs résultats ont été obtenus en employant la pénétration des anions et des cations, c'est-à-dire en imbibant chaque électrode de la même solution d'eau de Barèges et en les plaçant d'un côté et d'autre de la lésion, à aussi grande distance qu'il se pouvait, pour éviter dans la mesure du possible l'action interpolaire. Il y a dans l'eau de Barèges, à côté des sulfures et des sulfites, des hyposulfites, et M. le Professeur Bergonié, de Bordeaux, a démontré (*Archives d'électricité médicale*, Bordeaux, 1908) que dans l'électrolyse des hyposulfites alcalins, le soufre pénétrait non seulement au pôle négatif, mais encore au pôle +, quoique en quantité un peu moindre à ce dernier. Enfin, Leriche a démontré que si l'on soumet à l'électrolyse une dissolution chlorhydrique de l'*émanation radioactive*, toute la matière radioactive se concentre sur la catode. Nous pouvons ainsi espérer faire pénétrer la matière radioactive dans l'organisme, si celle-ci est appliquée au pôle +, c'est-à-dire que la matière radioactive peut-être considérée comme un cation.

Méthode

Nous avons utilisé l'eau de la Source Tambour, la plus minéralisée et la plus chaude des eaux de Barèges (43° cent.) ; la région à traiter a été mise en présence de l'eau thermale (pédiluve, manuluve, large pansement hydrophile), reliée à la catode pour la pénétration des anions ou à l'anode pour la pénétration des cations, tandis que l'autre électrode indifférente (la négative ou la positive, suivant le cas) était placée sur un point quelconque du corps, imbibée de chlorure de sodium.

Enfin, les deux électrodes ont été placées parfois l'une en face de l'autre sur la région à traiter, les deux électrodes étant, dans ce cas, imbibées d'eau thermale et étant toutes les deux actives.

Le courant était fourni par deux piles de Gaiffe de 24 éléments. L'intensité du courant était de 25 à 50 milliampères et le courant était progressivement élevé à l'aide du collecteur. Nous n'avons pas eu d'accidents locaux dignes d'être signalés. Nous avons employé, au pôle —, des électrodes en zinc et, au pôle +, des électrodes en cuivre ou en plomb ayant la propriété de donner des oxychlorures insolubles (avec l'Hcl dégagé au pôle +) et par conséquent non caustiques pour les tissus.

Conclusions

1° L'électrolyse de l'eau sulfureuse thermale, en applications sur la peau, est inoffensive. Il suffit pour cela d'exercer une sorte de balnéation locale ;

2° C'est une méthode simple accessible à tout praticien, n'exigeant que des connaissances rudimentaires en électricité, un matériel fort réduit : deux piles de 24 éléments, un galvanomètre, des électrodes larges en métal (cuivre, plomb, zinc), des coussins hydrophiles et des récipients quelconques ;

3° L'eau minérale est un électrolyte supérieur. Le courant électrique exerce une action certaine sur une partie de l'*émanation* dissoute dans l'eau minérale et est susceptible de la faire absorber par l'organisme ;

4° C'est une médication locale qui peut être employée chez des malades pour lesquels le bain général serait dangereux ;

5° C'est une méthode assez efficace qui nous a donné d'excellents résultats et dont nos malades se sont montrés très satisfaits ;

6° Elle constitue un adjuvant de la cure qui n'est pas à dédaigner, pas plus que la douche-massage, dans une station où l'on ne dispose pas d'une quantité illimitée d'eau minérale et où les baigneurs consacrent à leur traitement un temps généralement insuffisant.

Issoudun. — H. GAIGNAULT, imp., 15, rue Victor-Hugo.